U0376395

自然传奇系列

植物能活几岁

郭红卫　王亚楠 ◎主编

吉林科学技术出版社

图书在版编目（CIP）数据

植物能活几岁 / 郭红卫，王亚楠主编. -- 长春：
吉林科学技术出版社，2022.6
（自然传奇）
ISBN 978-7-5578-9091-9

Ⅰ．①植… Ⅱ．①郭… ②王… Ⅲ．①植物－儿童读
物 Ⅳ．①Q94-49

中国版本图书馆CIP数据核字(2022)第084898号

自然传奇·植物能活几岁
ZIRAN CHUANQI · ZHIWU NENG HUO JI SUI

主　　编	郭红卫　王亚楠
出 版 人	宛　霞
责任编辑	郑宏宇
助理编辑	李思言　刘凌含
封面设计	长春美印图文设计有限公司
制　　版	长春美印图文设计有限公司
幅面尺寸	226 mm×240 mm
开　　本	12
印　　张	4
字　　数	33千字
页　　数	48
印　　数	1-8 000册
版　　次	2022年9月第1版
印　　次	2022年9月第1次印刷

出　　版	吉林科学技术出版社
发　　行	吉林科学技术出版社
地　　址	长春市福祉大路5788号出版大厦A座
邮　　编	130118
发行部传真 / 电话	0431-81629529　81629530　81629531
	81629532　81629533　81629534
储运部电话	0431-86059116
编辑部电话	0431-81629516
印　　刷	吉广控股有限公司

书　　号	ISBN 978-7-5578-9091-9
定　　价	29.90元

前　言

　　爱因斯坦有句名言："我没有特别的天赋，我只有强烈的好奇心。"

他所提及的好奇心，开启了人类伟大的发现、突破和成就。森林、荒漠、

山脉以及形形色色的动植物……自然界无奇不有，你越深入探求就越感到

未知的世界还很大。孩子天生拥有强烈的求知欲，人的一日三餐中，蔬

菜、水果、点心都是从哪里来的呢？为什么春天播种，秋天收获？植物与

动物共生的现象，你知道哪些呢？世界上有吃动物的花朵吗？沙漠中依

然还存活着上千年前的植物吗？自然界中每一片树叶和每一颗果实都与

环境融为一体，这是巧合吗？　从自家的门阶，到野外树林，穿越雨林、

极地、沙漠、高山，编者绘尽自然界的千姿百态，将自然科学知识分门别

类，带孩子领略不同动植物的生存环境、物种类别和适应特性。激发孩子

的逻辑思维和形象思维，了解世界自然奇观和生态奥秘。

草本植物的寿命有长有短

植物界中草本植物的"身体"天生就很柔弱。它们身材矮小，茎干软软的，寿命也比较短——最短的只有几星期。它们都是谁呢？咱们就来认识一下吧！

扫码获取

- ✓ 动 物 百 科
- ✓ 植 物 科 普
- ✓ 环 保 故 事
- ✓ 创 意 游 戏

见此图标
微信扫码

带孩子探索自然奥秘，学习科普知识！

短命菊

短命菊的寿命正如它的名字一样，只有短短的几星期。它是非洲撒哈拉大沙漠中常见的植物。降雨时，它的种子会迅速发芽生根、开花结果，再迅速结束短暂的生命。

木贼

同样生活在非洲沙漠里的木贼，寿命也十分短暂。降雨后，它就会迅速萌芽、生长，拼命走完仅有几个月的生命周期。

罗合带

罗合带生长在长年严寒的帕米尔高原。当短暂的夏天来临时，罗合带种子开始匆匆发芽，伸出两三根枝蔓后就随即开花、结果，赶在严寒到来前，结束只有几个月的短暂生命。

瓦松

瓦松不是松树，而是一种生长在房顶屋瓦缝隙中的"野草"。雨季一到，藏在屋瓦缝隙中的瓦松种子就开始发芽，很快开花、结果，雨季一过就枯黄死亡。

水芋

水芋的花瓣翻卷，花朵形状像一只杯盖。它是多年生水生草本植物，生长在东北地区及内蒙古的沼泽、草甸等浅水区域。

王莲

王莲的叶片直径可达3米，漂浮在水面上像一只翠绿色圆盘。它的叶片非常结实，可以让孩童乘坐在上面。王莲通常在一年内完成生长周期，开花后沉入水底结果。

混合黄耆

混合黄耆生命力非常顽强，能够在干旱的沙漠地带生存。它的花期在每年的 3 月到 5 月，花瓣卷卷的，像一条可爱的小舌头。

阿尔泰多榔菊

阿尔泰多榔菊生长在中国的新疆北部和内蒙古地区，大多分布在海拔 2000 多米的高山地带。它的花期很短，只在每年的 6 月到 8 月开花。

镰荚黄耆

与混合黄耆类似，镰荚黄耆也大多长在干旱地区及沙漠地带。它的花朵像一把弯弯的小镰刀，通常在每年的 5 月到 6 月开花。

木犀草

　　矮矮的木犀草生长在炎热的北非地区，喜欢光照充足的肥沃土壤。木犀草很"宅"，不喜欢挪动地方，被移植的话，往往不容易成活。

小鹿藿

　　小鹿藿长得一点儿也不像小鹿，它的茎弯弯曲曲，懒洋洋地缠绕在其他支柱上。相比其他一年生草本植物，小鹿藿的花期和果期比较长，从5月直到11月。

腋花苋

　　腋花苋又叫罗氏苋，分布在印度、斯里兰卡以及中国部分地区。腋花苋7月到8月开花，8月到9月结果，一般生长在田地旁。

黑草

　　黑草活着的时候并不黑，枯萎晒干后全草呈现出黑色。黑草顶端有和麦穗形状类似的花序，花朵呈现淡紫色。它还有一个挺吓人的名字——鬼羽箭，是具有清热解毒功效的药材。

羽扇豆

　　羽扇豆这个名字听起来很普通，却有一个好听的别名——鲁冰花。它的花序挺拔、丰硕，花色艳丽多彩，有白、红、蓝、紫等变化，而且花期长。

红花烟草

　　红花烟草长得非常漂亮，它来自巴西南部及阿根廷北部地区。它的花朵颜色亮丽鲜艳，味道芳香，通常在傍晚或夜间开花。

美丽向日葵

美丽向日葵确实很美丽，金灿灿的花丝簇拥在一起，像一个毛茸茸的小太阳。由于模样萌萌的，它又被称为玩具熊向日葵。

棉花

棉花大家都不陌生，成熟的时候，雪白的棉花挂在枝头，非常漂亮。世界上的棉花产区有中国、美国、印度、乌兹别克斯坦、埃及等。其中，中国的棉花产量最大，乌兹别克斯坦则因大面积种植棉花有"白金之国"的美称。

苍耳

苍耳的果实长满了钩状的倒刺。人和动物经过苍耳旁边，一不留神，身上或皮毛上就会挂上满是毛刺的果实。就这样，在人和动物的帮助下，苍耳把果实传播得很远很远……

番薯

番薯来自南美洲，喜欢在光照充足、水分适宜的土壤中安家。番薯经常只开花不结果，不过，人们主要食用的不是它的果实，而是它的根茎，也就是通常所说的地瓜。

哈密瓜

哈密瓜是中国新疆的特产，果实硕大香甜。哈密瓜的茎通常是匍匐状或攀缘状，生长在炎热干燥的新疆吐鲁番盆地和哈密盆地。

菟葵

菟葵主要分布在中国东北地区、俄罗斯远东地区及土耳其等地，花期在每年的 3 月到 4 月。因为它喜欢寒冷的气候，又被称为"冬之花"。

紫背草

紫背草又叫一点红，生长在野外山坡上，喜欢阴凉潮湿的土壤,它的叶片边缘有不规则的齿，下方呈现紫色。花朵小小的，颜色红红的或紫紫的，美丽醒目。

彩星花

彩星花的花朵形状像极了星星，远远看去，像一大片长在地上的彩色星星。花儿虽然漂亮，但人却不能轻易碰。因为彩星花全草含白色的有毒汁液，入眼可导致人失明。

粉蝶花

白色花朵边缘点缀着粉色的粉蝶花，像一只美丽的蝴蝶，栖息在绿油油的草丛中。外表秀气的粉蝶花却一点儿也不娇气，它耐寒，容易成活，是常见的观赏型盆栽。

禾雀花

禾雀花是藤本植物，每年3月到4月开花。开花时，颜色淡雅的花朵一串串悬吊在藤蔓上，像极了一只只振翅欲飞的小禾雀。

青葙

青葙别名百日红、鸡冠苋，通常生长在道路旁或山坡上，个子高高的，最高能长到一米。它的种子叫青葙子，是明目清火的中药材。

熊草

熊草原产于北美洲山区，由于叶子的纤维很坚韧，通常被当地土著用来编织篮子等日用品。熊草花白色，形状像极了熊的尾巴。据说，有一位探险家看到熊低头嗅这种花，以为熊爱吃，就给它取名为熊草。

癞葡萄

癞葡萄生长在中国江南地区，又叫锦荔子，果实表面有疙疙瘩瘩的凸起，味道非常香甜，属于草质藤本植物。

鱼香叶

顾名思义，鱼香叶的茎闻起来有淡淡的鱼香味道。它的叶片晒干后就是天然的香料，可当作烹饪鱼类时的配菜。

南美天芥菜

南美天芥菜的叶片非常肥厚，看起来笨笨的，但它的花朵却能散发出特别好闻的香味，提炼出的芳香油可以用来制作化妆品。

寿命只有两年的草本植物

只能活一岁的植物很多，能活两岁的植物也不少呢！这些植物一般在一岁时发芽，两岁时才开花、结实！它们都是谁呢？

扫码获取

- ✓ 动 物 百 科
- ✓ 植 物 科 普
- ✓ 环 保 故 事
- ✓ 创 意 游 戏

见此图标
微信扫码

带孩子探索自然奥秘，学习科普知识！

18

19

毛蕊花

毛蕊花好看又实用，整株植物可以入药。初秋播种下去，第二年春天它就能开花。花朵大多数是金黄色，香喷喷的，一米多长的茎长满细密的黄色茸毛。

蛾蝶花

来自智利的蛾蝶花又叫蝴蝶草，花朵颜色十分鲜艳，盛开的时候像极了一只只美丽的蝴蝶。蛾蝶花的叶片长着一层短短的茸毛，手感是黏黏的。

葶苈

走在田野的小路上，不难发现，山坡上、道路旁，到处都有葶苈的身影。它个子矮小，叶片稀疏，看起来柔弱，生命力却非常顽强，种子还能入药。

蜀葵

顾名思义，蜀葵原产于中国四川。因为它总是在麦子成熟的季节开花，有些"个子"可以超过一丈（约3.33米），所以人们又叫它大麦熟或一丈红。

罂粟

罂粟花绚烂明丽，观赏性极佳。可是，由于罂粟花的提取物有镇静及麻醉作用，是制取鸦片的主要原料，它在世界各国都被限制种植。

银扇草

原产于欧洲及西亚地区的银扇草，果荚像一把小小的蒲扇，外壳脱落后留下银白色圆片，非常可爱。由于人们的喜爱，现在世界各地都能见到它的身影。银扇草很耐寒，在寒冷的冬天，植株也是绿油油的。

欧芹

来自地中海地区的欧芹香气馥郁，是西餐中不可缺少的配料之一。在古埃及人和古希腊人眼里，欧芹代表胜利，他们会把欧芹织成的花冠颁发给获得胜利的勇士。

小白菊

小白菊花期很长，冬末即开花，一直开到第二年初夏。它的生命力非常顽强，欧亚大陆的原野上，几乎处处可见小白菊的身影。

羽衣甘蓝

羽衣甘蓝是卷心菜的变种，它的外形和卷心菜非常相似，但中心不会卷成一团。羽衣甘蓝的叶片色彩多样，像花朵一样明媚绚丽。

非洲冰草

非洲冰草喜欢盐碱多的地域，大多生长在海岸旁边。它的叶片和茎上有大量泡状细胞，里面汁液满满，在太阳光照射下，会像冰晶一样反射光线，因此得名为冰草。

风毛菊

风毛菊喜欢湿润的环境，通常生活在河沟旁或山谷中，高山地带也有分布。它的叶片呈椭圆形且边缘有锯状齿，花朵大多为紫红色，小巧明丽。

狗娃花

　　淡紫色的狗娃花长得不像狗的娃娃，而是菊科花的一种。因为它不挑土壤和环境，随处可以生长，才被称作狗娃花。

一枝黄花

　　一枝黄花的茎挺直，枝头花朵金黄，大都生长在山坡上或树林中。远远望去，漫山遍野一片金黄，因此它又得名"满山黄"。

蓝香芥

  来自欧亚大陆的蓝香芥有着丁香花般浓郁的香味。有趣的是，它的香味在傍晚时分最为浓郁。一般在夏季种植，第二年的春季就可以开出繁茂的花朵，繁殖能力很强。

贝壳花

  来自叙利亚的贝壳花叶子相对而生，形状像贝壳。因它的外形美观独特，人们通常把它作为盆栽花，插花的时候，也经常用贝壳花作为衬托主花的材料。

多年生草本植物

　　有一些草本植物的生命力非常顽强，它们开花、结果后，地面上的部分逐渐枯萎死亡，而藏在土壤中的根系部分依然焕发着勃勃生机。等到天气暖和了，阳光充足了，根系会重新萌发出新芽，再次生长、开花、结实……这样的植物，寿命一般都会超过两岁，能活好多年呢！

南美水仙

南美水仙来自神秘的亚马孙河流域，又称为亚马孙百合。它的叶片深绿色，宽大舒展，花朵硕大芳香，洁白无瑕。

紫茉莉

紫茉莉喜欢炎热湿润的环境。到了冬天，它在地上的部分干枯死亡，土壤中的根系却仍然存活，第二年春季续发长出新的植株。

芍药

芍药又叫花仙，据传说，它不是人间的花种，而是天上的花神为了拯救感染瘟疫的人而撒下的花种。传说毕竟是传说，但芍药的花朵确实异常漂亮，也可以入药。

花菱草

一到夏季，花菱草的地上部分就会干枯死亡，直到深秋时节才开始生长。它的茎叶嫩绿，花色鲜艳，经常被批量种植，当作绿化园区的观赏花带。

花毛茛

花毛茛原产于欧洲东南部和亚洲西南部，花朵颜色丰富，花瓣重重叠叠，模样像牡丹花却比牡丹花要小很多。它的叶片与芹菜的叶片极为相像，所以又被称为芹菜花。

果子蔓

果子蔓来自热带地区，要想让它安全过冬，就要提供给它一个温暖的环境。果子蔓又叫西洋凤梨，它的叶子正面浅绿背面微红，阳光照射下极为漂亮。

姜荷花

姜荷花原产自泰国清迈。它的根系呈球形，花期很长，每年的6月到10月开花。姜荷花的花苞粉红，形状与荷花近似，因为它属于姜科，所以人们称它为姜荷花。

瓜叶菊

瓜叶菊又叫富贵菊，长着碧绿油亮的大叶片，五颜六色的密集花朵。整体看来，瓜叶菊的形状像一束捧花，象征着阖家欢乐。

酢浆草

酢浆草的茎匍匐生长，姿态摇曳，分枝众多。掌状复叶有三小叶，倒心形，小叶无柄花朵娇小，花色大多为红色或黄色。

蛇鞭菊

蛇鞭菊来自美国东部地区，花序形状像麦穗，花朵从上到下开放，有些像响尾蛇的尾巴，所以得名蛇鞭菊。

初秋时分登山，灌木丛中、草地间，经常会看到垂着淡紫色花朵的五脉绿绒蒿。这种植物长在高山地区，因茎多毛，又被称为野毛金莲。

五脉绿绒蒿

樱草

樱草又叫报春花，春天来临时，它总是率先绽放出五颜六色的花朵。由于色彩鲜艳，容易成活，樱草被广泛当作盆景栽培。

你认识哪些木本植物？

在地球上，除了草本植物外，还生活着另一类植物大家族，它们被叫作木本植物。它们的寿命短的可以活到三四岁，长的可以活上千岁呢！木本植物中，藤木的身躯比较柔软，没法儿独自站立，必须依靠其他物体的帮助才能生长呢！比起藤木，灌木寿命要更长一些，矮小的灌木们非常团结，经常一丛丛地生长在一起呢！

紫藤又叫藤萝，干呈灰褐色，弯弯曲曲缠绕而生。紫藤花开时，串串小花构成一道紫色"瀑布"，非常亮丽。

紫藤

山乌龟

山乌龟通常长在石山上，叶子扁扁圆圆的，它的根部大大的，像一个硕大的扁球，果子可以入药。

头花千金藤

头花千金藤又叫金线吊乌龟，叶子近似三角状，深绿色。和山乌龟类似，它的根茎也呈块状，非常肥厚。

鸡血藤

　　鸡血藤的茎里含有一种特殊物质，切开茎后，会慢慢流出鲜红色汁液，颜色很像鸡血。它的花朵像一只只小蝴蝶，盛放时香气扑鼻。

爬山虎

　　爬山虎的藤茎能攀缘，枝上还有卷须，卷须顶端有黏黏的吸盘，遇到物体就会牢牢吸附在上面。

凌霄花

　　凌霄花的花朵像一只只小小的漏斗，远远看去，鲜红色的花朵挂在茂密叶片中，非常美丽。

含笑花

　　含笑花枝叶繁盛，形状优雅，是著名的芳香灌木。它的香味浓郁，持久不散，可以用于制作芳香油等香水原料。

扶桑花

　　扶桑花又叫朱槿花，是灌木中的"小巨人"，最高可达6米。它的花朵五颜六色，全年都能开花。

九龙桂

　　九龙桂原产中国四川，明清时期，曾作为贡品进献朝廷，非常受皇亲贵胄的欢迎。它花形秀美，被誉为桂花之王。

牡丹

牡丹属于木本花卉，故乡在中国秦岭及大巴山山区，有数千年的自然生长和1500多年的人工栽培历史，是中国的国花。花朵大而富丽，它被誉为"花中之王"。

皱皮木瓜

皱皮木瓜的枝叶浓密，枝上有小刺，可以当做天然篱笆。它的果实模样像木瓜，可以入药。因为其花酷似海棠，又被称为贴梗海棠。

石榴

石榴在我国栽培的历史可追溯到汉代，是张骞出使西域时带入中原的品种。它的果实呈球形，有裂口，种子透明多汁，味道香甜。

连翘

连翘一般在早春时节开花，开花时，嫩叶尚未长出。它的花朵金黄色，香气淡雅。果实可入药，有清热、解毒、散结、消肿的功效。

紫荆

紫荆喜欢光照，耐寒不耐涝，花朵为紫色，一簇簇长在枝头，大多在3月至4月开花。

石海椒

石海椒又叫金钟花，因为开在早春，又叫迎春柳。石海椒的生命力极强，山坡上、溪流畔、墙角边，到处都有它们的身影。

杜鹃

杜鹃是常绿灌木，一年四季枝叶青葱。它的花朵被誉为"花中西施"。按照开花时间不同，杜鹃又有春鹃、夏鹃和春夏鹃。

羊踯躅

羊踯躅又叫黄杜鹃、羊不食草，通常长在高山地区。它的花朵颜色鲜艳，形状美丽，但植株有毒，动物不可食用。

蜡梅

蜡梅花苞的质感像蜡烛，所以得名"蜡梅"。它通常在雪后开花，有花不见叶，有叶不开花，花朵总是开在光秃秃的枝丫上。

乔木的寿命都比较长

乔木在人类生活中很常见，像士兵一样站立在道路两旁的景观树、构成茂密森林的粗壮林木，都是乔木。乔木长得高高大大，只要环境适宜，活上几十岁到几百岁并不罕见。最有趣的是，身材矮小的小乔木还会"变身"，如果气候和环境发生变化，它们就会显示出灌木的特点，变成灌木！

🖱扫码获取
- ✓ 动 物 百 科
- ✓ 植 物 科 普
- ✓ 环 保 故 事
- ✓ 创 意 游 戏

🖱见此图标
微信扫码
带孩子探索自然奥秘，学习科普知识！

木棉

　　木棉来自印度，树干高大挺拔，最高能过20米。为防止动物啃咬，木棉树的树干下方长满了密密的瘤刺。木棉春天开满橘红色的花朵，经常被种植在街道两旁当景观树。

白兰

　　来自印度尼西亚爪哇的白兰四季常青，枝叶散发出淡淡的芳香，初生嫩枝有茸毛，通常在夏季开花，花落不结果实。

刺桐

　　刺桐原产于印度至大洋洲海岸林，是中国泉州市市花，以及日本冲绳县县花。刺桐树树干呈灰褐色，有皮刺，花朵艳红美丽。

樱花树

　　樱花树原产于喜马拉雅山区，树皮呈紫褐色。它每年3月开花，花朵幽香雅致，满树盛开，场面极其震撼。

阿勃勒

　　阿勃勒大多生长在高山地区，高20余米，分布在印度、缅甸等地。它的树皮中含有单宁，可用作红色染料。它初夏开花，满树金黄，秋日果荚长垂如腊肠，所以又叫腊肠树。

菩提树

　　菩提树是佛教的圣树，相传佛祖在菩提树下得道。它通常在3月到4月开花，5月到6月结果，大多分布在中国南部沿海及印度、日本、泰国等地。

变叶木

原产于马来半岛的变叶木很神奇，同一植株上的叶片，能够呈现不同色彩和形状，非常有趣。

光瓜栗

光瓜栗还有个好听的名字——发财树，原产于拉丁美洲，可以算得上最为常见的小乔木啦！它们四季常青，如果是地栽，高度在五米左右，同时它也是很多家庭喜爱的盆栽呢。

佛手

佛手又叫九爪木、五指橘。它的果实金黄，有浓郁的香味，形状像不同手势的手。在中国，以浙江金华佛手最为有名。

非洲卢旺达

笑树

笑树生长在非洲卢旺达。果实外面长满小孔，里面有自由滚动的芯珠。有风吹过，枝摇叶动，芯珠来回滚动与果皮相碰，发出类似欢笑的响声。

朱砂桔

朱砂桔在中国南方极为常见，是著名的观赏类小乔木。它的叶子四季常青，果实朱红小巧，累累垂垂挂在枝头。

火炬树

火炬树原产欧美，春季盛放淡绿色花朵，夏季果实青碧，树叶翠绿，到了秋天，果实与树叶一起转红，是有名的彩色树种。

猴面包树

猴面包树能活5000多年。它的树干粗壮，果实大如足球且香甜多汁。每当果实成熟时，猴子、猩猩等动物就会结群前来取食。

龙血树

龙血树原产于非洲地区，能存活几千年甚至上万年，被誉为"植物寿星"。龙血树的树干受损时，会流出黏稠的血红色汁液，这种汁液是一种珍贵药材。

银杏树

银杏树是地球上的古老树种之一。早在侏罗纪和白垩纪，地球上就出现了银杏树。银杏树寿命很长，栽种后几十年才会开花结果。

欧洲栗又叫甜栗，原产欧洲，非洲北部及西亚地区也有它的身影。生长在地中海西西里岛埃特纳火山上的一株名叫"百骑大栗树"的欧洲栗已存活了4000多年。

欧洲栗

巨杉

巨杉是陆生植物中体形最大的常绿针叶乔木，原产于美国加利福尼亚州。在加利福尼亚州的红杉国家公园，一株名叫"雪曼将军树"的巨杉已经存活了近3000年。

桧树

桧树又叫圆柏，在中国四川剑阁张飞庙（又名汉桓侯祠）附近，生存着大量几百岁的桧树。而在中国台湾，一棵被称作"阿里山神树"的桧树，在1997年倒伏之前已存活了3000年。

本书特配自然科普小课堂

带孩子探索自然奥秘
学习科普知识

智能阅读向导为您严选以下专属服务

扫描本书
二维码
获取正版
专属资源

看【动物百科】 点燃孩子对大自然的好奇心和探索欲

学【植物科普】 带孩子探寻奇妙植物世界里的小秘密

听【环保故事】 从小培养孩子的环境保护意识

玩【创意游戏】 训练孩子的动手能力和创造力

◎ 知识小测试：测一测，检验孩子对知识的掌握情况

◎ 读书记录册：记一记，帮孩子养成阅读记录好习惯

◎ 趣味冷知识：看一看，进一步扩充孩子的知识储备

扫码添加
智能阅读向导

操作步骤指南

① 微信扫描右侧二维码，选取所需资源。

② 如需重复使用，可再次扫码或将其添加到微信"📦收藏"。